AF230481

VOYAGE

A

KANBOURY ET A RATBOURY

PAR M. HARDOUIN

CHANCELIER INTERPRÈTE DU CONSULAT DE BANGKOK

SAIGON

IMPRIMERIE DU GOUVERNEMENT

1885

VOYAGE

A

KANBOURY ET A RATBOURY

PAR M. HARDOUIN

CHANCELIER INTERPRÈTE DU CONSULAT DE BANGKOK

———✦———

SAIGON

IMPRIMERIE DU GOUVERNEMENT

—

1885

VOYAGE A KANBOURY ET A RATBOURY

Par M. Hardouin,

Chancelier interprète du consulat de Bangkok.

Les provinces occidentales du royaume de Siam, c'est-à-dire tout le bassin du fleuve Mékhlong, n'attirent pas autant la curiosité des voyageurs que les régions arrosées par le Meinam et le Mékong, où l'on rencontre à chaque pas, pour ainsi dire, de nouvelles impressions, des populations diverses, des centres importants, des ruines majestueuses de cités et de pagodes, qui rappellent un autre âge, une autre civilisation. En effet, à part les villes de Petchaboury et de Ratboury, que leur situation au milieu de collines boisées avait fait choisir pour être le Compiègne et le Fontainebleau de la cour siamoise, on ne signale dans ces provinces aucun site remarquable.

Cependant, depuis l'établissement d'une ligne télégraphique reliant Bangkok à la frontière birmane, et surtout depuis que l'exploitation en a été confiée à nos compatriotes de la mission télégraphique, cette partie des États siamois ne saurait nous être indifférente. Aussi ai-je pensé à mettre à profit quelques jours de loisir pour y faire une courte excursion, en remontant le cours du Mékhlong aussi loin que me le permettrait le temps dont je pouvais disposer.

Parti de bon matin le 3 février, dans un bateau de plaisance, je remontai le fleuve de Bangkok jusqu'au point d'intersection du *khlong* (canal) *Ban-luang*, qui se trouve en face du palais du second roi. Cette belle voie de communication, qui réunit les eaux du Meinam à celles du Tachin ou rivière de Nakhon-xaisi, est due à l'ancien régent du royaume mort l'an passé;

elle date à peine d'une douzaine d'années. Ses rives sont aussi peuplées que celles du Grand-Fleuve : sur une étendue de plusieurs kilomètres, s'alignent de nombreuses maisons flottantes regorgeant de marchandises européennes et chinoises, des habitations de styles différents, depuis l'opulente demeure en briques recouverte de tuiles du noble siamois ou du marchand parvenu jusqu'aux misérables cases de bambous couvertes en attaps (feuilles de palmier), élevées de quelques pieds au-dessus de la vase et des immondices. C'est là que s'entassent dans une promiscuité étrange soit des Siamois artisans ou hommes de peine, soit des fils du Céleste Empire qui débutent dans le *struggle for life.*

Du milieu de ce fouillis de constructions diverses émergent d'immenses hangars où de nombreux et laborieux ouvriers, appartenant tous presque exclusivement à cette forte race de l'île d'Haïnam, s'occupent à équarrir et à débiter d'énormes troncs de bois de teck qui descendent des forêts des provinces du nord. Ces scieries sont en ce moment en pleine activité, grâce aux prix rémunérateurs qu'obtient le teck sur les marchés d'Europe et de Chine.

Poursuivant notre route dans le canal, mes hommes éprouvent la plus grande difficulté à éviter les nombreuses embarcations qui montent ou descendent. Les unes sont un véritable bazar d'articles les plus variés ; les autres, semblables à des restaurants ambulants, exhibent une collection de mets aux apparences étranges, où la faim la plus robuste peut se satisfaire pour quelques sous. Toutes ces barques se meuvent dans cet espace relativement étroit avec une aisance vraiment surprenante. De temps à autre passent au milieu de ce marché, emportés par la force du courant, de grands bateaux de paddy qui y jettent le désarroi, bousculant, faisant chavirer ces petits magasins flottants ; de là, cris et malédictions proférés par ces malheureux qui voient sombrer tout ce qui constituait leur fortune, et qui cherchent à en recueillir les épaves, poursuivis par les lazzis et les quolibets des spectateurs. Non-seulement ces derniers ne les assistent en aucune façon, mais ils profitent de cette circonstance pour s'emparer de tout ce qui vient à leur portée; peu après le calme renaît, sans que la police, absente d'ailleurs, se préoccupe de ces menus incidents.

A mesure qu'on s'éloigne de la capitale, les habitations deviennent rares et font place à des jardins fruitiers, culture favorite du paysan siamois, parce qu'elle exige une moindre somme de travail et un capital peu considérable. Du reste, elle est assez rémunératrice, car les diverses espèces de fruits sont d'une vente facile sur les marchés de Bangkok et obtiennent un prix relativement élevé. Ces jardins présentent presque toujours un aspect gracieux; ils sont entourés de haies de bambous, dont les hauts panaches ondulent au vent et laissent voir des rangées d'aréquiers aux colonnettes grêles, des manguiers, pamplemoussiers, papayers, entremêlés de bananiers, etc., plantés en lignes bien droites séparées les unes des autres par un réseau de fossés destinés à retenir les eaux des pluies pour les irrigations. Ces jardins sont quelquefois d'une valeur très considérable, car c'est un des plus sûrs placements pour les capitaux indigènes. Le fisc prélève un impôt non sur la contenance des terrains, mais sur chaque arbre fruitier; le taux varie suivant les espèces. Ainsi, pour l'aréquier, il est fixé à un fuang (35 centimes) par pied, tandis que le durianier paie jusqu'à un tical (3 francs).

Continuant à voir des deux côtés du canal ces mêmes plantations soignées et bien alignées, vers midi j'arrive près d'un *sala;* arrêt pour laisser reposer les rameurs. Ces salas, qui rappellent les caravansérails et les bungalows des Indes, sont des constructions ouvertes, composées d'une plate-forme en bois de teck, élevée de quelques pieds au-dessus du sol et recouverte de tuiles. C'est le roi, un prince ou même quelque riche personnage des environs qui les fait bâtir pour la commodité des voyageurs, plutôt dans le but de s'acquérir des mérites que pour l'amour de son semblable, car, selon les préceptes de Bouddha, l'homme doit, par ses bonnes œuvres, réunir à son actif la plus grande somme possible de mérites, afin de renaître dans ce monde ou dans un autre avec une condition meilleure et approchant le plus possible du degré suprême de perfection. C'est sous l'empire de cette croyance que se sont édifiés sur les rives des fleuves, les bords des canaux, le long des sentiers, mais surtout dans le voisinage des pagodes, ces lieux de repos où les voyageurs trouvent un asile pour la nuit. L'amour de l'humanité n'a rien à faire avec cette fondation ; le culte de soi-même, consacré par les enseignements de Bouddha, en a été le seul mobile.

Je profite de ce moment d'arrêt pour étudier le pays environnant. Du haut de cette plate-forme, la vue fouille tous les coins de l'horizon sans qu'un pli de terrain, une touffe de bambous l'arrête. En effet, l'aspect de la contrée a totalement changé. Ce sont maintenant d'immenses champs de riz dont la récolte venait d'être terminée. Comme dans tout le delta du Meinam, les propriétaires de ces rizières sont, pour la plupart, des nobles siamois qui se servent pour leur culture de nombreuses cohortes d'esclaves. A quelque distance du *sala* se trouvait la propriété d'un des membres les plus riches de l'aristocratie siamoise, neveu du feu régent, le Phya Mountrie, dont j'avais fait la connaissance à Bangkok. Désirant me rendre compte de ce que pouvait être une exploitation agricole dirigée par un homme intelligent et pourvu de grands capitaux, je m'informai si le Phya était présent. Par bonheur, il était en villégiature dans son domaine ; j'allai le visiter. Il me reçut avec cette amabilité naturelle aux Siamois de la haute société et voulut bien me donner quelques détails sur les améliorations qu'il avait apportées dans les modes de culture. Sa propriété a une étendue de plus de mille *raï* (le raï est un carré de 40 mètres de côté). L'eau nécessaire aux rizières y est amenée du canal au moyen d'un manège sorti des grandes usines de Glascow. Ces irrigations prématurées permettent de repiquer le paddy sans attendre les pluies, de sorte que la moisson peut se faire un ou deux mois avant l'époque ordinaire. Le prix qu'obtient sur le marché cette récolte précoce compense amplement les frais d'installation de cette ferme modèle.

Des esclaves en assez grand nombre sont répartis par équipes sur toute l'étendue du domaine et vaquent, sous la surveillance d'un homme de confiance, aux diverses occupations agricoles. Gens du peuple, ces esclaves ont aliéné leur corps et leur liberté pour un prix variant de 2 à 5 livres d'argent (la livre d'argent vaut 240 francs). Un acte passé devant l'ampho, magistrat local tenant du maire et du notaire, décrit minutieusement les noms, qualités, âge et signalement des comparants, précise la somme stipulée et constate l'engagement pris par l'une des parties de servir l'autre. C'est un véritable contrat dont les conséquences sont assez onéreuses pour l'individu qui, moyennant une poignée de pièces d'argent, consent à passer sous le joug d'un maître. Ainsi, entre autres obligations, celui qui a aliéné sa liberté doit travailler pour le compte du maître sans aucune rémunération, son labeur n'étant compté que comme l'équivalent de l'intérêt du capital qu'il a reçu. Aux termes de la loi, il n'a droit qu'au riz et au poisson salé pour sa nourriture, et à deux langoutis par an pour son entretien. Ce système, quoique entaché de barbarie est, semble-t-il, le seul praticable pour se procurer des serviteurs ou des ouvriers. C'est en effet la seule manière d'astreindre le Siamois, paresseux et indolent par nature, à travailler d'une façon continue ; de plus, le manque d'espèces sonnantes le rend forcément d'une moralité exemplaire : il ne joue plus, ne s'abrutit plus par l'absorption immodérée de samthu (eau-de-vie de riz).

Au point de vue légal, la situation de cette classe d'individus diffère quelque peu de celle des nègres dans les colonies européennes au siècle dernier, et encore plus de celle des serfs au moyen-âge. Ainsi, le maître, tout en étant armé du droit de châtier l'esclave coupable et de le mettre aux fers, ne peut le vendre sans son consentement, ni refuser de le libérer s'il lui rembourse la somme qui figure dans l'acte (nangsu kromathan) reçu par l'ampho. Il est vrai que, dans la pratique, les choses ne se passent pas toujours d'une manière aussi simple, surtout dans les provinces, où les chefs font à peu près à leur volonté, sachant que l'appel aux autorités de la capitale n'est accessible qu'aux personnes bien appuyées par des sacs de ticaux. Aussi lorsqu'un maître influent se trouve en présence d'une demande de libération, ne se prive-t-il pás, pour grossir la note à payer, d'ajouter au montant primitivement stipulé une foule de menues sommes qui représentent au centuple la valeur des objets cassés, perdus ou volés par l'esclave. Ce système a donné lieu à de si graves abus que le roi s'en est ému ; une ordonnance défend maintenant aux personnes possesseurs d'esclaves d'exiger de ces derniers autre chose que ce qui est consigné dans le *Nangsu kromathan*. Ce n'est pas la seule forme de servitude qui existe à Siam ; dans le cours de cette excursion, il me sera donné d'en reconnaître d'autres qui sont particulières, dans une certaine mesure, à cette contrée.

De retour de cette visite intéressante, je trouve dans le *sala* mes hommes reposés et dispos, et, profitant de la marée, nous nous mettons en route. Rien à signaler de bien pittoresque, le paysage présentant la même uniformité monotone. Dans la soirée nous débouchons dans la rivière de Tachin que nous traversons de biais pour aller rejoindre le *khlong Ban-nok-khuak*, le trait d'union entre les deux bassins du Tachin et du Mékhlong. En ce moment, nous entrons dans la grande province de *Nakon-xaisi*, qui passe pour une des plus fertiles du delta. Aussi y compte-t-on un grand nombre de Chinois attirés par la richesse du sol et l'espoir d'une fortune rapide. Ces immigrants, venus de Fokien ou de la grande île d'Haïnam, ont les premiers mis le feu aux jungles, défriché le sol et planté surtout la canne à sucre. Le gouvernement siamois, dans un but de lucre facile à comprendre, a toujours favorisé leur immigration dans le pays. Il les exempte de corvées, de tributs et ne les assujettit qu'au payement d'une taxe triennale de 4 ticaux (12 francs) auxquels les gouverneurs des provinces ajoutent, de leur côté, un demi-tical sous prétexte de frais de perception. La justification du payement de cette capitation presque dérisoire, relativement à celle qui est perçue en Cochinchine, à Java et aux Philippines, se fait par un moyen moins barbare, mais non moins humiliant que celui employé vis-à-vis de certaines catégories de corvéables, dont nous aurons plus loin occasion de parler. On enroule autour du poignet de l'imposé une petite ficelle dont les deux extrémités sont emprisonnées dans un sceau en gomme-laque. Cette quittance d'un nouveau genre doit être conservée pendant une année entière. A Bangkok toutefois, cet usage vexatoire est presque tombé en désuétude, grâce à l'influence des chefs des diverses congrégations chinoises ; mais il se pratique encore dans les provinces.

Outre cette capitation, le cultivateur chinois à Nakhon-xaisi doit payer annuellement un certain impôt sur les produits qu'il retire du sol. La canne à sucre est assimilée par le fisc aux arbres fruitiers et se trouve ainsi soumise au *su phrak sōn* (taxe sur les jardins). Comme tous les revenus du trésor, à l'exception toutefois de l'opium et des spiritueux qui restent le monopole du kalahome (premier ministre), ceux qui dérivent des jardins sont affermés par adjudication au plus offrant et dernier enchérisseur.

Voici comment a lieu cette opération depuis les réformes introduites par le présent souverain. A l'époque du premier de l'an siamois, c'est-à-dire dans le mois d'avril, une commission royale composée de trois princes, frères du roi, réunit dans un des salas du palais appelé *Hò Ratsada,* les négociants indigènes, chinois pour la plupart, qui veulent se rendre adjudicataires des diverses fermes. Celles-ci étant presque toujours fructueuses, les enchères sont très vivement poussées. Celui qui l'emporte dans cette lutte de sacs d'argent est tenu de fournir caution et de déposer sur le bureau le premier quart du prix d'adjudication. C'est à lui d'organiser ensuite son administration, de manière à retirer de sa concession le plus grand bénéfice possible. Le concours des divers fonctionnaires dans les provinces lui est acquis. Pour les cannes à sucre destinées à être vendues au marché comme fruit, l'impôt est de 10 p. 100 environ. A l'époque de la récolte, les agents et sous-agents du fermier parcourent les plantations, font réunir les cannes en faisceaux de vingt tiges appelés *ko,* et perçoivent un *fuáng* (35 centimes) par dix *ko.* Quant aux produits destinés à être traités dans les moulins, ils sont exempts de tous droits; mais, en revanche, un impôt d'un tical par picul est prélevé sur les sucres et mélasses qui sortent de la province.

La canne cultivée à Siam est une espèce à laquelle les indigènes attribuent une origine chinoise, mais qui, en réalité, provient de la Cochinchine. Une autre espèce, originaire du pays, est plus foncée de couleur; elle a à peu près la grosseur de la canne de Malacca et renferme une très forte proportion de saccharose; aussi emploie-t-on plus communément cette dernière à la fabrication du sucre destiné à la consommation intérieure,

Contrairement à ce qui se pratique ailleurs, dans la presqu'île malaise par exemple, les Chinois de Nakhon-xaisi, une fois la récolte faite, n'arrachent pas les racines des anciennes cannes pour y piquer de nouveaux plants ; ils laissent pousser des rejetons qu'ils coupent l'année suivante, et obtiennent ainsi du même plant deux et même trois récoltes. Cette manière d'opérer diminue la main-d'œuvre, mais la qualité des produits s'en ressent. La majeure partie des récoltes est portée, pour être traitée, aux moulins voisins dont l'outillage est des plus primitifs. Un manège, mû par des buffles, actionne des cylindres de bois ou de granit qui broient les cannes ; le jus, amené dans des bassines en fonte encastrées dans des fours en maçonnerie, se réduit sous l'action du feu, passe à l'état de sirop et se cristallise peu à peu. Le produit ainsi obtenu est du sucre noir ou brun, renfermant un bon cinquième d'impuretés. La plus grande partie de cette denrée est consommée à Siam et le reste est exporté en Chine, dont elle nous revient sous la forme de sucre blanc cristallisé.

Les conditions climatériques de la province de Nakhon-xaisi ne semblent plus aussi favorables qu'autrefois à la culture de la canne à sucre. La sécheresse s'y prolonge, et même, pendant la saison des pluies, celles-ci sont peu abondantes, de sorte que l'eau salée, apportée par les grandes marées de lune jusque dans les canaux et même dans les fossés servant aux irrigations, se trouve en excès et arrête le développement des jeunes plants. Par suite de ces différentes causes, cette culture tend à diminuer d'année en année ; ainsi, les tableaux de la douane indiquent pour 1883 une exportation de 10,000 piculs, tandis que les années précédentes les chiffres variaient de 30,000 à 50,000 piculs.

En voyant ces petites exploitations sucrières, l'idée était venue à plusieurs capitalistes européens de fonder des sucreries modèles, à l'instar de celles des Antilles et de la Réunion. Cette entreprise fut lancée avec un capital de plusieurs millions. On fit des travaux gigantesques, on creusa des canaux, on installa des machines perfectionnées ; mais quand les usines furent prêtes à marcher, on ne trouva plus assez de cannes pour les alimenter, les Chinois refusant de vendre les leurs. Ce fameux établissement de Nakhon-xaisi fut forcé de s'arrêter, et tout ce splendide outillage fut vendu aux enchères à peine au poids de la ferraille. Les actionnaires perdirent leur argent et aucun autre essai ne fut tenté, avec raison peut-être, lorsqu'on voit les Chinois, ces travailleurs patients par excellence, abandonner petit à petit une culture qui n'est même plus assez rémunératrice pour eux... C'est un crève-cœur de voir, en débouchant du khlong Ban-lúang dans la rivière de Tachin, sur la rive opposée, tout un ensemble de constructions grandioses en briques, surmontées de hautes cheminées. Là où tout était activité et vie, il ne règne plus que la solitude et, d'année en année, tout va se dégradant.

Le khlong Ban-nôk-khùak, dans lequel nous sommes engagés après avoir traversé toute cette région sucrière, débouche dans le Mékhlong auprès du gros bourg de Bang-xạng, où la mission catholique a établi une station. L'église en briques, peinte en rose, se détache brillante et coquette du fouillis des cases couvertes en attaps (feuilles de palmier préparées) qui l'enserrent de toutes parts. A quelques pas de là, se remarque une modeste maison, blanche et proprette résidence du missionnaire ; un jardin fort bien entretenu l'entoure. J'aurais désiré m'y arrêter, mais je voulais gagner Ratboury avant la nuit, bien qu'il faille près de huit heures pour parcourir la distance qui sépare ces deux points.

L'obscurité vint nous surprendre près d'une pagode. Je fis accoster pour reposer plus à l'aise dans le sala. La pagode est un lieu public par excellence ; elle est ouverte à tous et en tout temps ; chacun y débarque, s'y installe à sa guise, y mange, y dort, se promène sous les ombrages, visite le sanctuaire et même la demeure des talapoins, sans qu'aucun d'entre eux fasse la moindre objection ou interrompe le cours de ses lectures psalmodiées. La communauté assiste indifférente à ce qui se passe autour d'elle ; mais qu'un étranger s'y présente, la scène est toute autre. Poussés par le démon de la curiosité, les talapoins sortent de leurs maisons et font cercle autour du *farang* (expression dont les Siamois se servent pour désigner les Européens en général), l'interrogent sur le but de son voyage, le lieu d'où il vient, etc., et terminent presque toujours leurs questions par une demande de bouteilles vides ; ils remplissent ces dernières de drogues de leur composition à l'usage des malades du voisinage.

Ces disciples de Bouddha se recrutent un peu dans toutes les classes de la société ; nobles et paysans fournissent également leur contingent. Même chez le Siamois le plus sceptique, la coutume d'envoyer les jeunes gens passer quelques mois à la pagode est toujours observée, et le roi est le premier à donner l'exemple. Cette retraite marque pour ainsi dire le début de la troisième étape de l'existence, celle de la prise de la robe prétexte, comme la tonte du toupet indique le passage de l'enfance à l'adolescence. La durée de ce stage à la pagode dépend de la volonté du néophyte, mais elle ne saurait être moindre de quatre mois.

Le bouddhisme, tel qu'il est pratiqué à Siam, passe pour être tout à fait orthodoxe. C'est aux Siamois, paraît-il, que les théologiens du célèbre sanctuaire du pic d'Adam, à Ceylan, se sont adressés pour avoir les livres de doctrine les plus authentiques. Je laisse à de plus autorisés le soin de discuter une telle assertion ; toujours est-il qu'il n'y a aucune présomption à affirmer que les talapoins, dans ce pays, jouissent de la plus grande somme de liberté et de bonheur possibles dans l'état actuel de la société siamoise. Respectés par les grands comme par les petits, à l'abri des vexations et des spoliations auxquelles les gens du peuple ne sont que trop souvent en butte ; bien nourris, entretenus aux frais de la communauté, que peuvent-ils désirer de plus pour couler une existence telle que la souhaiteraient les neuf dixièmes de l'humanité ? Il n'en est pas de même en Chine, par exemple. Les bonzes y sont loin d'y jouir du respect ni même de la considération de leurs coreligionnaires. Ainsi, je me rappelle avoir assisté à Shanghaï à une représentation théâtrale où les bonzes étaient assez malmenés, aux applaudissements de toute la salle. Pour comble de comique, parmi les spectateurs se trouvaient quelques disciples de Bouddha qui furent abominablement hués et conspués. Il est vrai de dire que la croyance bouddhique est considérablement altérée au pays des fleurs et que ses prêtres sont loin d'être des personnes recommandables par leur savoir et leurs vertus.

Il ne faudrait pas en conclure qu'à Siam l'ordre des talapoins ne reçoit dans son sein que des novices sortis de souche noble ou exempts de tout reproche; ce serait trop demander à une institution humaine, surtout dans un pays asiatique où le sens moral est considérablement affaibli. Il arrive en effet assez souvent que les chefs de pagodes revêtent de la robe jaune des postulants qui ne vont y chercher qu'un refuge dans un asile sacré; ils échappent ainsi aux investigations de la justice, leur caractère étant un palladium plus efficace que des murailles d'airain. Aussi est-ce une chose grave que d'accuser un talapoin d'un crime ou d'un délit qu'il aurait commis antérieurement. Il faut une intervention consulaire, si le plaignant est étranger, ou une haute protection, s'il est siamois, pour faire mettre en mouvement l'action publique dont le Phra Vuttikan est le dépositaire. Ce magistrat est le grand justicier des prêtres de Bouddha, et il semble qu'il ne les ménage guère, surtout dans les cas de flagrant délit.

Ses décisions, toutefois, sont soumises au grand chef de l'ordre, le Chaofa-Maha-Mala, oncle du présent roi et ministre des provinces septentrionales, qui, à cause de sa parenté et de son grand âge, se trouve actuellement revêtu de cette haute dignité. Si l'accusé est reconnu coupable, il est aussitôt dégradé, dépouillé de ses hardes jaunes et flagellé publiquement; quelquefois même il est condamné à perdre la tête.

Le lendemain, à la pointe du jour, je fus réveillé par la cloche qui rappelait aux talapoins que l'heure de mendier le riz était venue. Je vis bientôt une file de bonzes en robe jaune descendre vers la berge, s'embarquer chacun dans une pirogue, véritable périssoire, et s'y maintenir avec une grande habileté; puis la troupe pagaya dans toutes les directions. De mon côté, je ne tardai pas à suivre ceux qui se dirigeaient en amont du fleuve. Je les trouvai arrêtés auprès d'un petit appontement qui conduisait à plusieurs habitations; ils recevaient, sans proférer une parole, les dons en nature que des femmes et des enfants leur apportaient sur de grands plateaux de cuivre recouverts d'une sorte de capuchon conique en étoffe rouge.

La petite nacelle lestée, ils reprenaient, toujours impassibles, le chemin de la pagode, tandis que les fidèles accroupis sur la berge, les mains jointes élevées au-dessus de la tête, les suivaient du regard et semblaient les supplier d'agréer leurs offrandes. Comme les pagodes étaient assez nombreuses dans cette région, les mêmes scènes se répétaient sur tout le parcours du fleuve, sans interruption, jusqu'à Ratboury.

Arrivé enfin à destination, ma première visite fut pour le Phra-Sat-Cha, l'un des fils du kalakome, le premier ministre, qui avait bien voulu me donner des lettres d'introduction. Je me fis conduire à sa résidence ; mais déjà ma présence avait été signalée, car de nombreuses estafettes étaient en avant, annonçant l'arrivée d'un *farang* (étranger). Aussi, dès que j'eus fait passer ma carte, l'un des gens de service vint m'inviter de la part de son maître à monter au premier étage et à m'installer dans le grand salon. C'était une vaste salle, carrelée en mosaïque et entièrement meublée à l'européenne. Des armes de chasse de tous calibres et de tous systèmes, éparses sur tous les guéridons, un petit canon d'un modèle tout particulier et destiné à mitrailler les ibis et les marabouts, des sabres, des kriss malais, des poignards laotiens accrochés comme objets de curiosité aux murs, tout semblait confirmer ce que l'on m'avait dit de la passion du Phra-Sat-Cha pour la chasse.

Après quelques minutes d'attente, je vis apparaître le maître, vêtu d'un élégant costume noir, avec bas et souliers. Il me souhaita la bienvenue en excellent anglais, ce qui me surprit agréablement, peu familiarisé que j'étais encore avec l'idiome du pays. La conversation put alors s'engager plus franchement et se soutenir sans embarras, pendant qu'un esclave *ad hoc* servait du champagne, breuvage qui remplaçait avantageusement la tasse de thé traditionnelle. Naturellement, nous arrivâmes à causer de chasse. Mon interlocuteur me parla avec chaleur de ses exploits cynégétiques dans la contrée. Que de marabouts, bécassines, canards sauvages, etc., étaient tombés sous ses coups !

C'était d'ailleurs la seule distraction qui pût convenir à un seigneur siamois frotté de civilisation occidentale, car le *khún phra* avait séjourné deux ans à Londres et voyagé quelque peu en Europe. Depuis longtemps déjà il était attaché en qualité de *phu xuai* (assistant) au gouvernement de la province de Ratboury. Mais, étant donné la grande influence dont jouissait le régent, son grand-père, il était en quelque sorte le véritable gouverneur.

Il habitait, du reste, le palais qu'avait fait bâtir le régent en 1873, et où ce dernier s'était retiré dans les dernières années de sa vie, abreuvé d'amertumes en voyant le jeune souverain qu'il avait couronné chercher à abaisser la famille des *Suri-wongs*. Ce remarquable édifice n'a rien à envier aux plus beaux palais de la capitale, tant au point de vue du style, de l'élégance, que de la richesse des ornementations. Le marbre y a été aussi prodigué que les matériaux les plus communs : la brique et la chaux. La façade qui se développe sur la campagne est surtout remarquable par son beau portique et ses splendides colonnes corinthiennes en marbre de Chine. Sur le frontispice se détachent ces trois mots : *Wisdom, Power, Discretion* (sagesse, pouvoir, discrétion), flatterie sans doute de quelque courtisan à l'adresse du puissant du jour.

A quelques pas de cette résidence, se profilait toute une série de petites villas à l'italienne, servant à loger la nombreuse famille du kalahome lorsqu'elle venait en villégiature à Ratboury. Ce fut dans une de ces habitations que le *khún phra* me fit installer avec tout le confort désirable. Une fois qu'il vit que j'avais à peu près tout ce qui m'était nécessaire, il me quitta, en me proposant de me conduire dans la soirée chez le gouverneur, me prévenant toutefois que ses relations avec ce dernier n'étaient pas des plus cordiales.

A l'heure convenue, il vint me prendre et me fit monter dans son embarcation pour traverser le fleuve, le *Ban-muang* (hôtel du gouvernement), se trouvant sur la rive opposée. Nous débarquâmes sur une belle plage de sable fin, où nombre d'enfants et d'adultes prenaient leurs ébats.

De là, un chemin taillé dans la berge et bordé à droite et à gauche de longs hangars, sous lesquels les *tralakan* (juges) rendaient la justice, menait directement à la résidence du premier magistrat de la province. Une ceinture de murailles en briques, percées de meurtrières où apparaissaient les gueules de quelques canons, régnait tout autour du palais.

Cette fortification primitive aurait pu, dans des temps reculés, arrêter un ennemi victorieux; mais, hélas! l'état de délabrement dans lequel elle se trouvait présentement la rendait tout à fait inefficace contre le moindre coup de main. La porte principale, avec ses deux battants à moitié sortis des gonds, était à l'unisson avec le reste.

Nous étions loin des splendeurs du palais du régent et, bien que mon hôte m'eût dit dans quelle masure vivait son chef, la réalité dépassait tout ce qu'on pouvait imaginer dans ce genre de pittoresque.

La salle dans laquelle un des officiers de service nous introduisit serait à peine convenable pour la demeure d'un chef de village : des planches disjointes, des poteaux pourris, des peintures murales lamentablement effacées par le temps, quelques veilleuses à suspension dont les globes étaient noirs de poussière, tel était le décor qui nous fut donné à contempler pendant que des esclaves apportaient des chaises boiteuses, une table qu'ils eurent toutes les peines du monde à mettre en équilibre sur ses pieds, des verres et une carafe d'eau. Enfin, on annonça le maître de tant de ruines. C'était un homme d'une quarantaine d'années. Il s'avança vers nous timidement, en s'excusant d'ignorer les manières européennes. Il gouvernait la province depuis peu de temps seulement, et rien dans son passé ne l'aurait désigné à ces hautes fonctions, si son père, avant lui, ne les avait remplies. Droit d'hérédité poussé jusque dans ses plus extrêmes conséquences! L'entretien qui suivit et qui roula, comme il arrive en pareille circonstance, sur des banalités, fut abrégé le plus possible, sur l'annonce que le choléra venait d'envahir tout ce côté de la ville et exerçait ses ravages jusque dans le palais du gouverneur.

En retournant à notre résidence, nous repassâmes près des hangars, envahis par les plaideurs ; j'eus la curiosité de me mêler à cette foule pour saisir sur le vif la physionomie d'un tribunal siamois. Rien de moins imposant que l'appareil judiciaire qui se présenta. Sur une mauvaise natte étendue à terre était assis un magistrat, le buste nu, n'ayant qu'un langouti des plus ordinaires. Les parties en cause, accroupies sur leurs genoux, l'entouraient et répondaient à ses questions sans l'intermédiaire d'avocats. Dans la salle, il y avait ainsi plusieurs groupes formés autour d'autres magistrats, tous les uns et les autres dans la même attitude. Chaque juge constituait donc à lui seul un tribunal.

Plus loin, dans les coins retirés, des *phu dät*, sortes d'avoués, recevaient chacun séparément et dans le plus grand secret l'accusation de quelque plaignant ou la requête de quelque demandeur, puis la consignaient sur un cahier d'aspect noirâtre et formé d'une feuille de carton repliée plusieurs fois sur elle-même et enduite d'une composition d'ardoise pilée, délayée dans l'eau ; vu à distance, ce cahier rappelle vaguement nos accordéons.

Mais laissons juges et plaideurs. Hélas ! ils sont nombreux en tous pays. Comme j'avais été frappé de loin des splendeurs des divers édifices de Ratboury, je voulus me livrer à une visite plus minutieuse. Il y a plusieurs années, du vivant du régent, Ratboury partageait avec Petchaboury l'honneur d'être le rendez-vous préféré de la cour. Le mentor du jeune souverain avait fait bâtir pour le royal mineur deux palais, l'un dans la ville près de celui que lui-même habitait, et l'autre sur une des collines environnantes. Le premier n'est qu'un vaste bâtiment sans caractère, qui contrastait singulièrement avec la splendeur de l'édifice voisin. Le même reproche ne saurait s'adresser au second palais, situé à trois ou quatre kilomètres plus loin. Une avenue large et plantée de manguiers conduit jusqu'au pied de l'éminence, de là monte en serpentant une allée bordée de parapets en maçonnerie. Au sommet s'élève, sur toute la largeur du plateau, une construction élégante et de bon goût composée, comme toutes les habitations princières à Siam, de diverses parties ayant chacune leur destination particulière. Désirant visiter l'intérieur, je fis plusieurs fois le tour du château cherchant à en découvrir le gardien. Mais vaines recherches, personne ne veillait à l'entretien de cet édifice ; les parapets s'effondraient, les murs lézardés commençaient à céder à l'action des pluies, les portes mêmes étaient à peine closes, car en poussant l'une d'elles, je me trouvais dans la salle des réceptions royales. Elle était éclairée par le haut au moyen d'un espèce de vitrage, et renfermait entre autres objets une plate-forme à gradins, des fauteuils et chaises recouverts d'une riche étoffe de soie, et un magnifique lustre. Mais dans quel état se trouvait ce mobilier ! Depuis la dernière visite du roi, c'est-à-dire depuis plusieurs années, on n'avait rien nettoyé, rien épousseté, et même il y avait encore dans les lampes du grand lustre un restant d'huile de pétrole qui, avec le temps, n'était plus qu'un résidu noirâtre. La maison royale, certes, ne manquait ni de serviteurs ni d'esclaves pour les travaux d'intérieur, au contraire, il devait y en avoir une multitude. C'était donc par pure négligence, par manque absolu de toute notion de propreté et d'entretien, défauts inhérents à la race et qui se rencontrent même dans les plus hautes classes. C'est ainsi que les plus somptueuses habitations de la capitale deviennent au bout de quelque temps de véritables ruines, entourées de cloaques ; c'est à peine si l'on promène le plumeau sur les meubles et consoles dorés des salons quand un personnage consulaire ou un étranger de distinction fait annoncer sa visite.

Après m'être promené plus d'une heure dans cette solitude, évoquant en imagination cette foule de courtisans qui se pressaient jadis autour du fameux régent, je me fis conduire aux ruines de l'ancienne ville fortifiée de Ratboury, rasée par les Birmans il y a plus d'un siècle. L'œuvre de destruction des vainqueurs a été si complète qu'il ne reste plus aucun vestige de nature à révéler quelque monument antique ou curieux. De là, je revins à la ville de Ratboury proprement dite, qui se développe autour de la maison du gouverneur sur la rive gauche du fleuve. Bien que le choléra y exerçât des ravages, j'y fis une visite, mais courte. Elle compte de quatre à cinq mille habitants, presque tous adonnés à l'agriculture. L'élément mercantile s'est transporté sur la rive droite, à la suite de ces commerçants par excellence, les Chinois, que le régent avait attirés et installés dans des maisons en briques, construites sur le modèle de celles que l'on rencontre à Bangkok, bordant la route du palais dans l'enceinte fortifiée. Le nombre de ces marchands ou négociants peut s'élever à un millier. Ici, comme partout ailleurs dans le Siam, ils jouissent de la plus grande liberté, pour ne pas dire licence, ayant pour se divertir théâtres, maisons de jeux, etc., et de plus s'organisant comme ils l'entendent sans que l'administration s'en mêle le moins du monde. Bien que les Chinois soient en général un peuple facile à gouverner, ce libéralisme excessif des Siamois à leur égard n'est pas sans danger, surtout en présence des sociétés secrètes, dont l'absence de toute réglementation favorise singulièrement le développement. Les événements, d'ailleurs, l'ont prouvé à plusieurs reprises. Il y a une trentaine d'années, n'a-t-il pas fallu éteindre dans le sang de plus de 10,000 fils du Ciel une insurrection fomentée par les susdites sociétés dans la province de Pétriou, à l'est de Bangkok? Dernièrement encore, n'y a-t-il pas eu quelques exécutions dans la province de Nakhon-xaisi pour des faits semblables? Il n'est même que trop étonnant que ces désordres ne se produisent pas plus souvent dans un pays sans police et sans gendarmerie. A cela, il y a peut-être une très bonne raison, c'est que les Siamois, ne se sentant pas assez forts pour enrayer le mouvement d'expansion des colonies chinoises, ont eu l'habileté de prendre la direction de ce mouvement et de le centraliser en fondant toutes les diverses associations secrètes en une seule et puissante société pouvant à un moment donné servir même d'armée défensive. Les affiliés, répandus dans toutes les provinces, sont communément désignés sous le nom d'*Angghi* et reconnaissent pour chef suprême, assure-t-on, un prince qui exerce actuellement un des plus hauts commandements territoriaux. Les chefs subalternes jouissent dans les provinces d'une grande influence, ne reculant pas devant les moyens violents, l'assassinat quelquefois, pour se venger de ceux qui lèsent leurs intérêts, sûrs qu'ils sont de l'impunité neuf fois sur dix.

Outre les Chinois, nombreux comme nous l'avons dit, dans cette partie de Siam, Ratboury contient plusieurs colonies ou villages entièrement peuplés de Laotiens. Ils sont situés au pied des massifs que l'on aperçoit aux environs de la ville et dans un rayon de plusieurs kilomètres. Avant d'y arriver, on peut observer de plus près ces séries de collines isolées, affectant tantôt la forme d'un pain de sucre, tantôt celle d'un cône tronqué, parmi lesquelles je citerai le *Kháo ngŭ* (montagne du serpent), qui renferme des carrières de pierre à chaux en pleine exploitation. Sur le flanc boisé de ces éminences, on voit encore les bungalows où les nobles Siamois et même les résidents européens venaient autrefois, à la suite du régent, respirer un air plus pur que celui des bords du Meinam. Après une promenade à cheval de plus d'une heure à travers champs et broussailles, j'arrivai à un de ces villages; mais, dois-je l'avouer, ma présence ne créa aucune espèce de sensation. Je constatai même, de la part des habitants, une complète indifférence : hommes, femmes, enfants, nul ne semblait éprouver la moindre curiosité; les uns continuaient à réparer ou à confectionner leurs chariots, les autres à vanner le grain ou à décortiquer le riz, sans même détourner la tête; seules, les jeunes filles se dérobaient. Ce ne fut qu'en me cachant, sur le conseil de mon guide, derrière un gros arbre aux abords d'un étang où elles avaient coutume de venir puiser de l'eau, que je pus me faire une idée de l'opulence des formes d'une jeune fille laotienne. La façon plus que négligente dont elles portent l'écharpe destinée à voiler le buste est encore plus accentuée à mesure qu'on s'enfonce dans le Laos proprement dit. Là les jeunes filles vont ordinairement la poitrine découverte et ne se couvrent du *phà hŏm* (écharpe) que pour se rendre à quelque fête.

Au point de vue physique, cette race ne diffère pas beaucoup des Siamois. Le corps cependant paraît mieux proportionné, la stature plus haute, l'ensemble plus harmonieux et les traits du visage plus agréables. Mais le caractère distinctif qui les fait partout reconnaître, c'est leur costume, composé simplement d'un langouti qu'ils tissent eux-mêmes et qu'ils portent à la façon du *sarong,* le vêtement malais par excellence; l'écharpe ou même la casaque, accessoire indispensable du vêtement siamois, est rare, comme nous l'avons dit plus haut. Le dessin de ces langoutis . est des plus simples : fond vert ou bleu, avec larges bandes rouges ou jaunes aux extrémités, ce qui diffère totalement de tout ce qui se fabrique à Siam ou s'importe des Indes ou de Java.

Ces paisibles populations se livrent à la culture du riz et à l'élevage du bétail, paraissent laborieuses et ont sur les Siamois un grand avantage, celui de la propreté. Dans tous les villages que j'ai visités, les habitations, quoique souvent misérables, avaient un air propret ; aucune odeur nauséabonde ne s'en échappait, comme c'est l'ordinaire chez leurs voisins siamois.

Outre les Laotiens, on trouve encore, dans la province de Ratboury, des Cambodgiens et des Pégouans de Tharvi. Les premiers sont au nombre de 2,000 environ, disséminés sur les bords du Mékhlong, entre Ratboury et le khlong Ban-nôk-khuàk. Ils cultivent le riz et le palmier à sucre.

Les Pégouans, connus sous le nom de Môns, sont plus nombreux. Leur principal cantonnement est à Pataram, gros bourg en avant de Ratboury. Leurs habitations sont construites exactement sur le modèle de celles de leur pays et leurs pagodes sont desservies par des bonzes de leur nationalité.

Laotiens, Cambodgiens, Pégouans, aussi bien que les Annamites que nous trouverons plus loin, descendent des prisonniers que les Siamois **ont** faits à la guerre au siècle dernier ou au commencement de celui-ci. Ils sont désignés sous le non de *Khà xaloi*. Au lieu de les réduire en esclavage et de se les partager entre eux, les vainqueurs leur ont assigné, au début, des terrains du domaine public où ils purent vivre et se développer comme dans leur propre pays, sous la direction de chefs de leur race.

Ils furent assujettis à des corvées de tous genres et au payement de tributs en nature. A cet effet, on les a organisés comme un véritable régiment, en escouades, compagnies, bataillons, commandés par des Nai muet, des Nai roi, des Luáng, des Phra, et des Phya. Ces derniers, à leur tour, relèvent des ministres ou hauts dignitaires siamois : second roi, kalahome, kromatah, etc. Mais, dans la pratique, ce sont les Nai roi, chefs de centuries dans les villages, qui jouent le rôle le plus actif ; c'est à eux, en effet, qu'incombe le soin de rassembler les hommes pour les corvées, de veiller à ce qu'elles soient bien exécutées et de recueillir les tributs en nature.

Ces tributs, appelés *sŭai*, consistent en or, ivoire, bois d'aigle, cardamome, cornes de cerf, soie, cire, etc. Ces articles, s'il est impossible de s'en procurer dans la région, peuvent être remplacés par une somme d'argent, et les chefs chargés de la perception sont alors tenus d'acheter le tribut en nature ; dans cette transaction, ils ne manquent pas de réaliser de beaux bénéfices aux dépens du trésor royal.

Parmi ces prisonniers de guerre, les Laotiens sont les mieux traités, grâce peut-être à l'affinité de race qui existe entre eux et les Siamois. Leur condition sociale n'est guère différente de celle de leurs vainqueurs. Ils font peu ou presque point de corvées et sont gouvernés par des chefs pris dans les meilleures familles de leur communauté ; ils ont enfin toutes les facilités de voyager dans tout le royaume et même de retourner auprès de leurs compatriotes. Bien différente est la situation des Cambodgiens : y a-t-il une corvée désagréable, des travaux pénibles à exécuter, une conscription forcée, c'est sur eux que s'appesantit la main de fer des Siamois. On dirait qu'il existe entre les deux races des antipathies, des haines que le temps n'a pas encore affaiblies.

Quant aux Pégouans, ils sont moins molestés, quoiqu'on ne leur ménage pas les corvées. Ils relèvent, comme les Laotiens et les Cambodgiens, du kalahome.

Notons également comme autre élément étranger, quoique classé en dehors des *Khà xaloi*, les Mengs-môns qui, pendant la saison des pluies, descendent des districts montagneux de la frontière occidentale, dans la plaine de Samboun, au nord de Ratboury, pour y planter du riz. La récolte terminée, ils retournent dans leurs foyers, emportant la subsistance nécessaire pour la saison sèche. Cette peuplade, originaire de Thong-chakri, localité située près des sources du Ménam-pachi, une des branches du Khuè-noi, affluent du Mékhlong, fut enlevée par les Siamois aux Pégouans vers le milieu du siècle dernier. Les vainqueurs lui imposèrent, à titre de corvée, l'obligation de veiller à la sécurité de la frontière. Plus tard, à la suite des fréquentes invasions birmanes, une grande partie de la population Meng fut emmenée en captivité. Les Siamois résolurent alors de soustraire ceux qui restaient à un sort semblable, et les transportèrent à Nakono-yok, à l'autre extrémité du royaume, où ils furent employés à traquer les éléphants, nombreux dans cette région. Enfin, il y a une quarantaine d'années, le Somdet-Ong-Jai, père du feu régent, eut l'idée de les réintégrer dans leur ancienne patrie ; mais, lorsque vint le moment de l'exécution, un tiers seulement consentit à cette nouvelle émigration ; le reste préféra se disperser plutôt que de retourner au pays des ancêtres reprendre la vie agitée et inquiète d'autrefois.

Malgré ces vicissitudes, les Mengs-môns ont conservé quelques vestiges de leur origine ; ils parlent un dialecte qui se rapproche du birman et portent les cheveux relevés en forme de chignon. Ils sont au nombre d'un millier environ ; ils relèvent du gouverneur de la province, mais plus spécialement du phra-phon, fonctionnaire chargé de tout ce qui touche de près ou de loin aux questions de frontières et de limites territoriales de la province.

A côté de ces colonies étrangères, le gros de la population rurale est purement siamois et constitue la matière imposable par excellence. Comment cette masse est-elle organisée ? Quelles sont les conditions de son existence matérielle ? C'est ce que j'essaierai d'établir, quoiqu'en cette matière il n'existe pas de règle absolue, chaque province, chaque localité même ayant ses coutumes particulières. On peut dire, en thèse générale, que même quand il n'est pas esclave, le Siamois qui n'est pas mandarin ou noble n'est pas un homme libre dans le sens que nous donnons à cette expression. En effet, tout homme du peuple doit avoir un chef, quel qu'il soit, auquel il paye une redevance fixée par la coutume et le plus souvent par le bon plaisir ou les besoins du maître. A ce point de vue, la masse du peuple est divisée en plusieurs catégories dont je ne mentionnerai que les trois ou quatre principales.

La première et la plus nombreuse est celle des *phräï luáng* ou hommes du roi. Elle comprend tous ceux qui ne sont pas tatoués au chiffre d'un mandarin quelconque. A l'origine, elle devait se composer de toute la population corvéable et taillable à merci, à laquelle furent joints plus tard les condamnés pour crimes et délits. Les *phräï luáng* doivent la corvée fixée à quatre-vingt-dix jours de travail, ils sont en outre assujettis au payement d'une capitation qui varie de 18 à 24 ticaux ; tous relèvent des gouverneurs qui fixent et perçoivent pour le compte du trésor royal la redevance annuelle, sur laquelle ils prélèvent 2 salungs (1/2 tical) pour leur bourse particulière. C'est du reste une des principales sources de leurs revenus.

La deuxième catégorie est celle des *lèk*, mot qui veut dire *inscrit,* mais qui peut être traduit plus exactement par celui de *client.* En effet, les *lèk* sont attachés à la personne des princes, des mandarins ou plutôt au titre dont ils sont revêtus. Ils forment pour ainsi dire partie intégrante d'un apanage ; car, d'après les anciens usages, le roi, en élevant un de ses sujets à un degré quelconque du mandarinat, lui faisait don d'une certaine étendue de terres et d'un certain nombre de personnes composant sa suite. Cette donation, appelée *sakna* ou *sakina,* est aujourd'hui purement fictive. Cependant, il reste de cet usage un vestige, en ce sens que les clients d'un mandarin défunt passent à celui qui succède au titre ou à la qualité.

Cette catégorie d'individus se subdivise en plusieurs sections assez différentes les unes des autres. Ainsi, les *lèk thàt* sont des corvéables dont la condition sociale se rapproche beaucoup de celle des esclaves ; ils dépendent exclusivement d'un chef et n'ont à satisfaire à aucun devoir vis-à-vis du gouvernement ; leur quote-part dans les impôts est presque nulle, elle est fixée à 6 salungs (1 tical 1/2) par an et par tête, et, s'ils ne peuvent s'en acquitter, c'est le maître qui doit le verser pour eux. Malgré ce lien de subordination, cette classe d'hommes se trouve plus favorisée et mieux traitée que les *lèk vàt* et les *lèk húa mırang*. Les premiers doivent trois mois de leur travail aux pagodes. On les emploie à des travaux de construction. Ils sont chargés aussi de porter des bannières, des lances ou des emblèmes religieux dans les processions.

Leur tâche est très lourde, à cause du grand nombre de sanctuaires de Bouddha qui s'édifient tant à Bangkok que dans les provinces. Si, dans le courant d'une année, ils ne sont pas appelés à satisfaire à la corvée, ils doivent payer une redevance de 18 ticaux pour racheter le travail qui n'a pas été fait. Cette somme est perçue par les chefs chargés de la surveillance des pagodes.

Le service des *lèk húa mırang* attachés aux fonctionnaires de la province est encore plus pénible. Ils sont réquisitionnés tantôt pour ramer sur les barques de leurs chefs, tantôt pour construire leurs maisons, ensemencer ou moissonner leurs rizières, etc. De toutes les classes de corvéables, c'est évidemment celle qui est la plus exploitée. Toutefois, il reste aux plus habiles la ressource de pouvoir se soustraire à l'oppression, en se mettant sous la protection d'un chef plus puissant que celui qu'ils quittent. En outre de toutes ces charges, ils sont également assujettis à un impôt de capitation qui varie, suivant les localités, de 4 à 12 ticaux, et, par surcroît, en temps de guerre, ils peuvent être enrôlés comme soldats. Dans cette dernière occurrence, leurs chefs, plus soucieux de leurs intérêts particuliers que de ceux du pays, les exemptent de l'impôt du sang moyennant finance et les remplacent par des mercenaires à bon marché. Quelquefois aussi ces chefs, appelés à fournir un contingent de tant de clients, n'emmènent strictement que le nombre réclamé et se font payer par ceux qui restent dans leurs foyers.

Telle est, à grands traits, l'esquisse de la composition de la population que nous trouvons dans les campagnes. C'est une sorte de féodalité dont les origines remontent aux premiers temps de la conquête de ces contrées par les Siamois. Ces origines, il serait sans doute intéressant de les rechercher, mais, en présence du silence des annales siamoises à cet égard, on est réduit à des conjectures. Peut-être serait-on près de la vérité en disant que les *phràï luáng* ne seraient autres que le peuple conquérant et les *lèk* le peuple conquis. Des distinctions profondes qui devaient exister à l'origine entre ces deux camps, le temps a pu effacer les unes ou affaiblir les autres. C'est ainsi que nous n'apercevons plus la ligne de démarcation entre vainqueurs et vaincus, elle a presque disparu, et nous ne nous trouvons plus qu'en présence de corvéables à des titres divers.

Reste maintenant une question non moins épineuse, celle de savoir comment se fait le classement des sujets dans l'une ou l'autre des catégories. Cette opération se renouvelle au commencement de chaque règne et semble constituer, pour ainsi dire, la reconnaissance des droits du souverain sur tous ses sujets.

A cet effet, les gouverneurs des provinces se font amener devant eux, par les différents chefs, tous les adultes mâles, vérifient leur état social, c'est-à-dire la catégorie à laquelle ils prétendent appartenir, et leur font appliquer sur l'avant-bras, au moyen du tatouage, un signe représentant leur qualité soit de *phràï luáng*, soit de *lèk*. Quant aux jeunes gens qui atteignent leur seizième ou dix-septième année dans l'intervalle de deux règnes, les chefs sous lesquels se trouve placée la famille les conduisent à Bangkok, au bureau du haut dignitaire chargé du classement des populations. Là, ils sont classés un peu arbitrairement et tatoués en conséquence.

Comme les gouverneurs ont intérêt à voir augmenter le nombre des contribuables, ils ne manquent pas d'envoyer des officiers faire des tournées d'inspection dans les districts et les villages, afin de faire marquer tous ceux qui ne portent encore aucun signe, de sorte que bien peu échappent à la loi commune.

Après ce rapide aperçu de la constitution de la population rurale, il convient de rechercher comment elle vit et parvient à s'acquitter des charges qui pèsent sur elle. Voici les renseignements que j'ai pu recueillir, après maints interrogatoires :

Pour plus de clarté, nous prendrons un exemple. Supposons une famille composée de cinq personnes, le père, la mère et trois enfants capables déjà de rendre de petits services. Si, par héritage ou autrement, elle possède quelque pécule, elle pourra acheter à bon compte des rizières déjà propres à la culture, la terre n'ayant pas grande valeur dans les provinces. Sinon, et c'est généralement le cas, elle fera le choix dans le domaine public, c'est-à-dire parmi les terres en friche ou les bois, d'un emplacement convenable, y élèvera une modeste case, puis appellera l'amphœ, le chef du village le plus voisin. Ce dernier mesurera le terrain et délivrera un acte de propriété en bonne et due forme moyennant 6 salœngs, 1 tical 1/2 (4 fr. 50 cent.) pour frais d'acte. C'est une véritable concession, avec cette particularité toutefois qu'elle retourne au domaine public si elle est abandonnée complètement pendant trois années consécutives. Cette famille, ainsi composée, ne peut guère cultiver plus de 15 *raï* de rizières, soit une superficie de 24,000 mètres carrés. Mais, pour les exploiter, il lui faut une paire de buffles, une charrue et d'autres instruments aratoires qui nécessiteront une dépense d'une livre d'argent environ. Pour se procurer cette somme, elle s'adressera à un chef ou à des usuriers et payera un minimum d'intérêt de 15 p. 100. Voilà nos gens installés et prêts pour le travail. Dès les premières pluies, ils commenceront à labourer le terrain déjà débarrassé des broussailles, et cette opération devra être répétée une seconde fois. Vers le septième mois (juin), ils feront les semailles, moitié en paddy *khăo năk* et moitié en paddy *khăo băo,* ainsi dénommés parce que la récolte du premier est plus abondante que celle du second. Ce ne sont pas deux espèces de grains ayant des qualités spéciales : ce qui les différencie, c'est l'époque de la moisson. Le dixième mois (septembre), on commence la récolte du *khăo băo.* A cet effet, la famille se rend en barque dans les rizières encore submergées, coupe les tiges très près de l'épi, les fait tomber dans le bateau, puis les réunit en bottes et les laisse sécher pendant deux ou trois jours. Cette première récolte est vendue le plus tôt possible, et le prix obtenu permet de vivre en attendant la seconde, qui a lieu en janvier ou février. Les rizières sont alors entièrement à sec. Notons que cette pratique de semer le grain n'est générale que dans les provinces telles que Ratboury, Kanboury, où le terrain est relativement plus élevé et où l'inondation est par conséquent moins considérable. Dans le delta du Meinam, il n'en est pas ainsi : on fait des semis et on repique ensuite les plants comme dans la Basse-Cochinchine.

Examinons maintenant quels revenus cette famille a pu retirer de ces deux récoltes. La production de paddy d'un raï est en moyenne de 30 *săt* (boisseaux). On compte, dans un *săt*, 25 *khanạn* (noix de coco servant de petite mesure). Le khanạn pesant environ un demi-kilogramme, on peut estimer à 375 kilogrammes le chiffre de production de grain d'un raï, soit pour les 15 raïs, 5,625 kilogrammes, un peu plus de 82 piculs. Le riz se vend au char (kien). Il y a le grand et le petit char. Ce dernier est le seul usité dans les provinces ; il renferme 80 *săt* ou 1,000 kilogrammes. La récolte totale est donc un peu plus de cinq chars et demi. Le grand char, adopté par le commerce de Bangkok, est presque le double du petit ; il renferme 80 *táng* (boisseau plus fort que le *săt*). La capacité du *táng* est de 42 *khanạn*, ce qui porte à 1,700 kilogrammes l'équivalent du grand char.

Le prix du petit char, durant les six dernières années, a varié de 14 à 25 ticaux. Cette année, il est presque partout de 16 ticaux. En admettant ce chiffre, le revenu que la famille retirera de la vente de ses récoltes s'élèvera à 90 ticaux. A cette somme, il faut ajouter toutes celles qu'elle pourra gagner en dehors par son industrie, car, comme la culture du riz lui laisse de grands loisirs, surtout pendant la saison sèche, elle peut s'occuper à couper du bois ou du bambou dans la forêt voisine, à tresser des paniers, à élever des porcs, de la volaille, à pêcher le poisson dans les canaux et les rivières, etc. La vente de ces divers produits peut lui procurer une trentaine de ticaux, ce qui élèverait le chiffre précédent à 120 ticaux.

Si maintenant nous déduisons les diverses charges qui pèsent sur elle, nous verrons que le profit net est bien mince. En effet, le chef de famille doit d'abord satisfaire à la redevance due au gouvernement, tant pour la capitation que pour l'exemption de la corvée, soit en moyenne 18 ticaux ; puis à l'impôt foncier, à raison de 1 salung et 1 fuang par raï (1 fr. 20 cent.) ou 6 ticaux pour les 15 raïs ; à la taxe sur les lignes de pêche,

4 ticaux; sur les éperviers, 6 ticaux, et enfin à la nourriture
et à l'entretien de sa famille, environ 4 ticaux par mois, soit
48 ticaux par an. Nous arrivons ainsi à un total de 82 ticaux.

Restent donc à l'actif 32 ticaux, en supposant que le père ou
la mère ne s'adonnent pas au jeu ou à la boisson, et que, dans
l'année, il n'y ait pas eu des occasions de dépenses extraordi-
naires, telles que : offrandes à la pagode, crémations, etc. Cette
somme suffit à peine pour payer l'intérêt de l'argent emprunté
et faire quelques achats d'objets nécessaires à l'exploitation et
à l'amélioration de la petite ferme. Quant au capital, des années
se passeront peut-être avant qu'il puisse être intégralement
remboursé. C'est ainsi qu'on peut dire sans exagération que la
plupart des habitants des campagnes sont endettés et se croient
encore favorisés du sort quand, après s'être acquittés de toutes
leurs charges, il leur reste de quoi servir les intérêts à leurs
créanciers. Faute de satisfaire à cette obligation, ils peuvent
être contraints à aliéner leur liberté pour éteindre la dette
primitive.

Tel est le résumé succinct de ce que je pus apprendre des
gens avec qui je causais dans mes promenades aux environs de
la ville. On peut se rendre compte facilement de l'état de misère
et d'abjection dans lequel se trouve la masse du peuple et de
l'exploitation à outrance dont il est l'objet. Du reste, un pro-
verbe universellement connu à Siam et bien significatif peint à
merveille cette situation : *Thám na bon lang phrài,* qui veut
dire : *Faire les champs sur le dos du peuple.* Ce dicton, souvent
répété par ces pauvres gens en parlant de leurs chefs, ne vient-il
pas consacrer en quelque sorte leurs assertions ? Mais quels
sont ces chefs ?

En première ligne, au haut de l'échelle administrative, apparaît
le gouverneur, *Chào mœang,* nommé par le roi, sur la présentation
du ministre dans la juridiction duquel se trouve la province.
Au premier abord, on serait tenté de croire que ce personnage
est une sorte de roitelet ou de satrape dans sa circonscription.
Cela est malheureusement vrai pour les chefs des provinces
éloignées de la capitale, comme ceux de Battambang, de Bassac,

de Xieng-mai, de Korat, etc., qui sont plutôt des tributaires que des fonctionnaires. Mais bien différents sont ceux qui se trouvent à peu de distance de Bangkok ou dans des régions facilement accessibles. Ils sont loin d'y être aussi absolus, grâce à cette coutume qui permet au plus infime de leurs administrés d'appeler de leurs décisions aux autorités de Bangkok et de les accuser même, souvent pour des vétilles. C'est ainsi qu'il n'est pas rare de voir des gouverneurs obligés de comparaître personnellement devant le ministre, en qualité de défendeurs, à une action intentée contre eux pour abus de pouvoir ou concussions. Dans d'autres cas, si les plaintes sont trop nombreuses et qu'il faille interroger des témoins sur place, le ministre porte l'affaire devant le roi qui, s'il le juge opportun, délègue un haut fonctionnaire, voire même un prince de sa famille, chargé d'aller sur les lieux examiner et juger toutes les contestations. Malgré cette épée suspendue sur leurs têtes, l'autorité des gouverneurs est encore assez considérable pour qu'ils puissent se permettre des actes de népotisme, des dénis de justice, etc.

Quant à la fonction en elle-même, il semble qu'elle était autrefois héréditaire ou ne sortait pas d'une même famille. Aujourd'hui, où le gouvernement paraît vouloir contrôler d'une manière plus ferme ses agents de l'intérieur, la nomination à ce poste dépend entièrement de la volonté du souverain : le fils n'est point du tout certain de succéder à son père. De même pour le *phra palāt*, sorte de vice-gouverneur qui remplace le premier magistrat lorsque ce dernier s'absente ou meurt, et pour le *phra jokrabat*, troisième personnage de la province. Ce sont les ministres de droite et de gauche du gouverneur, auxquels il est joint des *phu xuai raxakan* (assistants), qui sont ordinairement choisis dans la famille du gouverneur. Puis, nous trouvons le *phra phon*, spécialement chargé de régler les contestations relatives aux terrains limitrophes de deux provinces, et la série des fonctionnaires subalternes, les *luáng,* parmi lesquels nous mentionnerons le *luáng ban thao thukorat,* dont les fonctions sont éminemment nobles, car c'est le consolateur des affligés, le défenseur de la veuve et de l'orphelin ; le *luáng phëng,* chef de la justice civile ; le *luáng mıang,* chef de la justice criminelle ;

le *luáng maha thai,* chef des *amphơ;* le *luáng vang,* le *luáng sumatra,* chargés de la perception des capitations et du tatouage des corvéables, etc. Ces fonctionnaires sont assistés par des *khún,* qui portent les titres de *khùn phëng, khún mưang,* etc. Comme les *luáng,* ils sont nommés par le gouverneur et sont, par conséquent, ses humbles serviteurs. Dans les villages, le *Nai amphơ* remplit à la fois les fonctions de notaire, de commissaire de police, et possède généralement toutes les attributions d'un magistrat municipal. Il est choisi parmi les notables à la nomination du gouverneur. Tous ces différents fonctionnaires, depuis le premier jusqu'au dernier, ne reçoivent aucun émolument du roi ou des ministres. C'est à eux de s'arranger pour vivre convenablement et de s'amasser une honnête aisance; et, naturellement, ils s'en acquittent aux dépens de leurs administrés.

Telle est la condition de ces populations douces et faciles à gouverner. Je n'ai pas voulu pousser au noir ce tableau, on pourrait m'accuser de pessimisme; mais, telle qu'elle se présente dans cette esquisse, leur situation n'a rien d'enviable, surtout si nous la rapprochons de celle des populations voisines. Prenons par exemple, comme terme de comparaison, la Birmanie anglaise et la Birmanie indépendante. Que remarquons-nous? Une émigration constante et de plus en plus considérable se dirige des provinces restées birmanes vers les possessions anglaises, c'est-à-dire vers une contrée où des lois strictes mais justes garantissent les personnes et les biens contre tout abus de pouvoir et toute spoliation de la part des chefs. Là aussi il y a des impôts; mais ces impôts, au lieu d'être arbitrairement levés et dépensés en folies coûteuses et sans profit pour le pays, sont fixés d'une manière uniforme et servent à doter la région des bienfaits de la civilisation. Voici à l'appui quelques chiffres puisés dans les comptes rendus officiels du gouvernement anglo-birman : en 1872, la population totale des trois provinces birmanes réunies à l'empire indien était de 2,747,148 habitants; en 1881, le recensement accusait 3,704,233 habitants, soit une augmentation de 957,085 ou 34.8 p. 100 dans l'espace de neuf années.

Ces chiffres ne démontrent-ils pas amplement que les peuples misérables et tombés dans l'abjection depuis des siècles ont une tendance à rechercher la sécurité pour leurs personnes et leurs biens, même dans des pays soumis à des nations européennes pour lesquelles ils ne professent pas toujours des sentiments d'amitié? C'est la raison qui leur fait accepter facilement toute domination étrangère. Ceci s'applique bien entendu à l'immense majorité opprimée ; les classes élevées et dirigeantes auxquelles la conquête enlèverait privilèges, influence, honneurs, tout enfin, ne sauraient volontiers s'y soumettre.

Voilà tous les renseignements que je pus acquérir. J'aurais voulu les avoir plus complets et plus précis, mais pour cela il aurait fallu prolonger mon séjour, ce qui aurait compromis mon voyage. D'un autre côté, il est assez malaisé de faire parler les indigènes sur ce qui les touche de près ; craintifs et soupçonneux, ils répondent de la façon la plus évasive à toutes vos demandes, et les détails que l'on en obtient sont souvent nuls ou de peu de valeur.

La prochaine grande halte devait être Kanboury. La distance entre cette dernière ville et Ratboury n'est pas considérable en ligne droite ; mais pour y parvenir en remontant le fleuve, à cette époque de l'année où le courant est très rapide, les barques les plus légères, au dire des indigènes, mettent plus de quatre jours. Je m'embarquai pour ma nouvelle destination le 8 février au matin. Je crois préférable ici de copier mon carnet de voyage, vu que les incidents sont peu nombreux et que les descriptions sont purement géographiques ou à peu près.

8 février. — Quitté Ratboury à 8 heures du matin. Fleuve peu profond, bancs de sable presque à chaque coude. Arrêt à midi, près d'un petit hameau. Un vieillard octogénaire, accompagné de sa femme paraissant encore plus âgée que lui et suivi d'une bande d'adultes et d'enfants, vint s'enquérir du but de ma visite. Il fut complètement rassuré lorsque je lui eus offert un cigare. Après en avoir tiré quelques bouffées, il le passa à son voisin en vantant la supériorité du *bouri farang* (cigare étranger) sur les cigarettes en feuilles de lotus des indigènes. Ce dernier en goûta avec non moins de satisfaction, puis le donna à son camarade qui, après les mêmes simagrées, le repassa à un autre. Le cigare fit ainsi tout le tour de la société et revint enfin à son possesseur primitif. Tout en le mâchonnant, le vieillard, de bonne humeur, se mit à me présenter sa famille. Presque tous ceux qui se trouvaient là en faisaient partie, et il fallait voir avec quel respect ces fils, petits-fils et arrière-petits-fils entouraient l'auteur de leurs jours, se tenant toujours à plusieurs pas derrière lui, n'osant l'interrompre quand il parlait. Sans être aussi excessive qu'en Chine, cette vénération qu'ont les Siamois pour leurs vieux parents est un des traits les plus beaux et les plus saillants du caractère national.

Rembarqué à 2 heures. Arrivé à Bangkhien, village échelonné sur un grand banc de sable d'une longueur d'un kilomètre au moins. Il paraîtrait qu'autrefois les autorités de la localité avaient coutume de couronner des athlètes d'un nouveau genre. On choisissait parmi les jeunes filles à marier la plus belle, et elle était donnée comme prix à celui des jeunes gens qui subirait sans défaillance l'épreuve curieuse que voici : il s'agissait de conduire, exposé à toutes les ardeurs d'un soleil brûlant, une couple de buffles d'un bout à l'autre de la plage. Naturellement, ces animaux, tentés par la vue de l'eau du fleuve, n'étaient guère dociles à la voix de leurs conducteurs et rendaient leur position périlleuse. Je ne sais si les annales de Bangkhien, en enregistrant le nom des vainqueurs, ont aussi mentionné, pour mémoire, les nombreux cas d'insolation qui ont dû se produire. Il semblerait en effet que fréquentes étaient les défaillances et même les apoplexies, puisque ces fêtes, empreintes d'un caractère barbare, ont cessé d'avoir lieu. Dans la soirée, passé devant *Chetsamién,* petit hameau sur la rive droite, habité par les clients et esclaves d'une des sœurs du feu régent, qui possède presque tout le pays. C'est aussi en cet endroit que se trouve la ménagerie d'éléphants de ce personnage.

Dans la nuit, arrivé à Pataram. Accosté près d'une grande pagode. Le plus important centre commercial sur le Mékhlong après Ratboury, Pataram, compte environ 3,000 habitants, Pégouans pour la plupart, descendants des captifs que les Siamois avaient cantonnés en cet endroit il y a près d'un siècle. Peuple agriculteur par excellence, ces Môns se livrent à la culture du riz et vendent leurs produits aux nombreux marchands chinois qui se sont installés près d'eux. Grâce à la présence de cet élément d'activité, ce gros bourg, avec son bazar, ses théâtres, ses maisons de jeux, le nombre considérable de barques chargeant sur la berge, a toutes les apparences d'un quartier de Bangkok. Cette colonie de Célestes, quoique sans cesse alimentée par de nouveaux venus, remonte déjà à plusieurs générations. On s'en aperçoit facilement en se promenant dans le bazar, tant le contraste entre les divers types est frappant. Le Chinois de race pure est partout reconnaissable avec ses yeux bridés, ses pommettes saillantes, ses formes généralement grêles, son costume traditionnel, parlant difficilement la langue, escamotant les lettres mouillées de l'alphabet siamois. A côté, dans un groupe, l'on voit des jeunes gens, des hommes portant la queue, vêtus d'un pantalon large, les formes sveltes, la peau blanche, les traits de la physionomie agréables; ce sont les fils, petits-fils des premiers colons, ce sont les premiers produits du croisement avec les femmes indigènes. Ils tiennent encore plus du père que de la mère, surtout au point de vue moral; ils ont hérité des traditions, des mœurs et des superstitions paternelles jusqu'à cette difficulté de prononcer les *r ;* ils n'ont fait au pays natal qu'une seule concession, celle de troquer le sarrau bleu contre le *phà hŏm,* pièce de coton dont les indigènes se couvrent les épaules et le buste. Plus nombreux encore sont les rejetons de la troisième et quatrième génération. Leur physique diffère déjà quelque peu de celui de leur aînés; la taille est moins élevée, le corps plus trapu, la coloration plus foncée et les yeux moins obliques. Ils ont enfin rejeté le pantalon large et flottant pour revêtir le langouti, et s'ils conservent encore le port de la queue, c'est plutôt par un reste de respect pour leurs pères et surtout pour jouir des privilèges attachés à la qualité de Chinois, échapper aux corvées et se soustraire plus facilement aux vexations des autorités locales. C'est maintenant l'éducation maternelle qui prédomine, et on peut prévoir qu'à l'instar des colonies plus anciennes, les descendants de ces métis abandonneront à leur tour la façon de tresser leurs cheveux pour adopter la mode nouvelle plus séduisante, celle de les avoir taillés à l'européenne. Le sol qui les a vus naître les comptera comme ses propres enfants ; ce sera désormais la patrie, et, quant aux ancêtres du pays des fleurs, leur mémoire ne sera plus vénérée, leur autel même aura disparu, devenu un objet encombrant.

9 février. — Matinée fraîche, temps brumeux ; passé devant plusieurs hameaux habités par des Laotiens et échelonnés sur les deux rives du fleuve. A midi, arrêt auprès d'une pagode, remarquable par une plantation de teck. Ces arbres, déjà très élevés, paraissent croître parfaitement sous cette latitude. Reparti à 2 heures. Reconnu *Ban Phong* autre colonie chinoise adonnée à la culture de la canne. Grands moulins pour la fabrication du sucre. Passé la nuit dans une grande pagode.

10 février. — Parti de grand matin ; température plus chaude. Mouillé à midi près d'un petit village, délicieux séjour sous l'ombrage de manguiers séculaires. Non loin de là est un bourg catholique nommé *Pon thuk*. C'est là que réside le missionnaire chargé des chrétiens de la province de Kanboury. Ceux-ci, dans leur ensemble, ne constituent pas une communauté bien nombreuse, à cause de l'apathie, de l'indifférence des Siamois en matière religieuse, et surtout de la passivité du bouddhisme, autant d'obstacles aux progrès des missions. Aussi, la majorité des chrétiens se compose-t-elle de Chinois ou de métis de Chinois qui souvent, je dois le dire, embrassent le christianisme plutôt par calcul que par conviction, dans la persuasion que les missionnaires français ont assez d'influence pour les protéger contre les exactions des fonctionnaires siamois. Levé l'ancre à 2 heures. La navigation devient difficile ; nombreux bancs de sable et échouages non moins nombreux. Toute l'après-midi et la soirée se passent ainsi, sans que nous ayons parcouru plus de dix kilomètres ; enfin, nous touchons sur un grand banc de sable où nous passons la nuit.

11 février. — Mêmes difficultés de navigation. La contrée devient de plus en plus sauvage ; absence d'habitations, de pagodes et de salas ; vastes forêts de bambous où abonde le gibier, principalement les coqs de bruyère. Ces forêts appartiennent au domaine public. Tout individu a le droit de les exploiter sans être assujetti à aucune formalité fiscale ou administrative préalable, mais les radeaux qui descendent le fleuve payent aux douanes intérieures *(phasi)* un certain droit qu'il est difficile d'évaluer. Cette exploitation est faite presque exclusivement par des Siamois, qui mettent à profit les loisirs de la saison sèche. Mais là s'arrête leur esprit d'entreprise, et bien certainement ces régions resteraient ainsi couvertes de forêts pendant des siècles encore, si des Chinois n'avaient pénétré jusque-là. Toujours laborieux, ces immigrants ont déjà nettoyé et défriché d'immenses étendues de terrains boisés et ne cessent chaque année d'étendre leurs domaines. Pour cela, il n'ont qu'à y mettre le feu, et bientôt la forêt n'est plus qu'un immense brasier qui ne s'éteindra que faute d'aliment. Dans l'après-midi, passé devant *Ban samrong*, station et église de la mission catholique, et *Ban silo*, village peu important, résidence du phra sisavat, chargé de la surveillance générale de la ligne télégraphique de Bangkok à la frontière. A peine avons-nous dépassé ce point que commencent les rapides, la partie la plus dangereuse du fleuve, surtout pour un bateau comme le nôtre, dont le déplacement d'eau est considérable. Pendant plus de deux heures, nous luttons contre la violence du courant, tantôt tirant notre barque à la cordelle, tantôt nous accrochant aux arbustes de la rive pour pouvoir avancer. Enfin, la déclivité du lit du fleuve est moins accentuée, et, à la nuit tombante, nous avons le bonheur de nous trouver dans des eaux plus tranquilles, mais, par contre, échoués sur un banc de sable près d'un grand bateau de *la khon* (comédiens). Déjà, d'une certaine distance, nous avions entendu le bruit discordant de tambours et de fifres auquel se mariait tant bien que mal le cliquetis de baguettes de bambou et de bois noir frappées les unes contre les autres. C'était une véritable bonne fortune pour mes hommes qui, comme tous les Siamois, sont passionnés pour le théâtre comme pour les romans. Aussi, à peine arrivés, y coururent-ils tous, sans se préoccuper davantage de leur dîner. Moi-même je ne tardai pas à les suivre. Le spectacle se donnait sous un hangar, en face d'une maison de jeu, où de nombreux groupes de Chinois et de Siamois venus de loin, attirés par ce *la khon,* se livraient à leur passion favorite, tout en écoutant

les chants monotones du chœur et en jetant de temps en temps
un coup d'œil sur les acteurs et actrices. Les *rwăng* (comédies)
qu'on jouait ce soir-là étaient de ces grosses farces qui devaient
nécessairement exciter l'hilarité de populations simples et naïves
perdues au milieu de ces bois. Il fallait voir quelles explosions
de rires prolongés éclataient parmi les spectacteurs lorsque le
bouffon, rôle obligatoire dans toute intrigue siamoise, se mettait
à singer un personnage royal, s'affublant de ses hardes et
essayant de maintenir en équilibre, sur sa tête trop grosse, le
diadème en forme de minaret, et, ainsi costumé, passer en revue
tout l'essaim des dames du harem. Je ne sais vraiment comment
cette scène de galanterie équivoque se serait terminée, si un
serpent noir, comme un *Deus ex machinâ,* n'avait fait soudai-
nement irruption au milieu de la salle. En un clin d'œil, spectateurs et acteurs eurent vidé la place, affolés de terreur, en ré-
pétant : « Khăt tai » (morsure mortelle). Je profitai de cet incident
pour rallier le bateau et commençais à m'endormir quand j'en-
tendis les baguettes de bambou frapper avec une nouvelle rage,
et flûtes, tambours, clochettes, tout l'attirail de l'orchestre siamois
résonner de plus belle. C'était le *la khon* qui reprenait la scène
interrompue. Ce tapage ne cessa que fort avant dans la nuit.

12 février. — Remis en route à l'aurore. Les montagnes aperçues
depuis deux ou trois jours viennent mourir jusque sur les rives.
Toutes sont couronnées de touffes de bambous ou d'arbres des-
séchés, brûlés par le soleil. Un de mes hommes connaissant la
région me signale quelques excavations, grottes ou cavernes,
dont j'ai déjà entendu parler ; mais, faute de temps, j'abandonne
le projet de les visiter. A midi, arrêt devant la maison d'un
Chinois qui, spontanément, m'apporta des bananes et m'invita à
visiter sa plantation de tabac. Cet aimable colon était venu, comme
la plupart de ses compatriotes, chercher fortune à Kanboury en
cultivant le *Nicotiana tabacum.* Cette plante croît admirablement
dans cette région, grâce sans doute à la présence des sels alcalins
qui proviennent des cendres des arbres et des herbes brûlés,
engrais nécessaire à sa vie. Elle atteint une hauteur de plus
de 2 mètres. Les feuilles, généralement de petite dimension,
sont séchées sous des hangars, disposées sur des claies ou pen-

dues à des ficelles, sans subir d'autre manipulation chimique, puis hachées grossièrement et livrées à la consommation en paquets de 15 livres appelés *lăng,* dont le prix varie de 3 à 5 ticaux. A ce taux, point de doute que cette exploitation ne soit rémunératrice ; aussi prend-elle chaque jour des développements au détriment d'autres cultures moins lucratives, comme celle de la canne à sucre. Les terrains ne manquent pas ; ils appartiennent au premier occupant, sans qu'ils aient besoin d'être concédés par l'autorité provinciale. Cette liberté laissée au planteur est d'autant plus avantageuse que, le sol s'épuisant rapidement, il est obligé, après deux ou trois récoltes, d'abandonner son emplacement primitif et de recommencer sa tâche ardue sur un autre point. C'est ce qui explique les nombreux incendies continuellement allumés dans ces forêts.

Remonté en barque, les hommes ayant pris leur repas. Habitations plus rapprochées, bateaux en plus grand nombre ; tout annonce l'approche d'un grand centre, *Kanboury.* En effet, nous arrivâmes à trois heures de l'après-midi. Ancré devant la maison du gouverneur.

Mon premier soin, à Kanboury, fut de me faire conduire au bureau télégraphique, dont la direction venait d'être confiée à M. Edel, de la mission envoyée de France. Par bonheur, il s'y trouvait. Il m'accueillit de la façon la plus aimable et voulut de suite me faire voir la résidence que l'administration siamoise lui avait fait préparer. Il ne me fallut pas un long examen pour constater que l'habitation de notre compatriote n'était pas précisément un palais. A l'exception des poteaux, tout n'était que bambou, même le plancher ; le moindre mouvement suffisait pour ébranler ce fragile édifice. Comme toutes les cases indigènes, elle était très peu élevée au-dessus du sol et, pour arriver au premier étage, on avait adossé une espèce d'échelle de meunier, dont l'ascension était plus difficile que celle de l'échelle de corde d'un navire.

Le cadre extérieur au milieu duquel s'élevait cette modeste habitation était à l'unisson : de tous côtés des ornières, des fondrières qui, dans la saison des pluies, devaient se changer en marécages malsains, et au fond, à moitié caché par un rideau de verdure, l'endroit où se font les crémations des gens du peuple, de ceux qui ne laissent rien après eux pour faire un *thăm bun* (fêtes funéraires). C'est une simple plate-forme en briques, à moitié écroulée, sur laquelle les bonzes de la pagode voisine brûlent sans pompe les cadavres qu'on leur apporte.

C'est dans cette maison ou plutôt cette masure qu'aboutit le fil de Bangkok-Kanboury, après avoir parcouru 116 kilomètres dans une direction tout à fait opposée à celle que j'avais suivie. L'ingénieur anglais au service des Siamois, chargé de l'établissement de cette voie aérienne, a cherché à profiter autant que possible des chemins déjà existants : les *tang-kien,* sentiers parcourus par les chars à bœufs. C'est ainsi qu'après avoir côtoyé le Khlong-maha-sawatdi et traversé la rivière de Nakhon xaisi, elle passe à Phra-patoum, célèbre pagode, et de là remonte, à travers les champs de cannes à sucre, les rizières et les bois, jusqu'à Kanboury.

Ce tracé est loin d'être direct. Il en est de même pour la ligne qui, partant de Kanboury, se dirige vers le défilé de *Khào Dëng.* Là encore l'ingénieur n'a fait que suivre les sentiers des chariots à buffles, de sorte que la ligne présente un développement de 57 kilomètres, tandis qu'à vol d'oiseau il n'y aurait qu'une distance de 35 kilomètres.

Pour construire les diverses portions de cette voie, on a employé les corvéables, *phrài luáng, lek húa mưang,* etc., qui devaient trois mois de leur temps au gouvernement. Malgré le grand nombre de manœuvres dont on disposait, les travaux ont traîné pendant plus d'une année et n'ont été terminés que bien longtemps après l'inauguration de la ligne du Cambodge, construite sous l'habile direction de M. Pavie, de l'administration des télégraphes de Cochinchine. Il est vrai qu'il y a eu sur quelques points de grandes difficultés : des plaines inondées sur une immense étendue, des forêts très denses, etc.; mais ce n'était rien en comparaison des obstacles que rencontrèrent les Anglais dans l'établissement de la ligne de Tavoy à la frontière siamoise, selon la narration émouvante que me fit un des ingénieurs de cette expédition, venu chez M. Edel pour se ravitailler. Voici, en ré-sumé, ce qu'il nous apprit : « La construction de cette ligne, commencée depuis plus d'un an, a coûté au gouvernement indien plus de peines et d'argent que toutes les autres, bien qu'elle fût la plus courte. On a fait venir de Rangoon et même de l'Inde une armée de travailleurs indigènes pour frayer une voie à travers les fourrés impénétrables qui couvrent les massifs montagneux. La fièvre des bois fit parmi eux des ravages épouvantables ; les gens du pays même ne résistaient pas mieux. De plus, les provi-sions et. le numéraire que l'administration acheminait par la voie des cours d'eau se perdaient souvent au passage des rapides, et il devenait presque impossible de se procurer quoi que ce soit dans ces régions presque inhabitées. Malgré toutes ces difficultés, le fil, tant bien que mal, quelquefois simplement accroché aux arbres, a pu être amené à la frontière ; mais, malheureusement, la ligne ne fonctionne pas ; elle est à chaque instant interrompue tantôt sur un point, tantôt sur un autre, surtout dans la partie montagneuse entre Amyat et Mytta, à cause des branches énormes qui tombent, brisées par les vents qui soufflent très violemment dans ces hautes régions. Enfin, tant que la forêt ne sera pas déblayée sur une certaine largeur, jamais on ne communiquera avec Tavoy en toute sécurité. Mais comme ce travail gigantesque paraît à peu près impossible, il serait peut-être préférable d'abandonner dès maintenant ce tracé et d'en chercher un autre plus au nord, par Mouhnein et Chiang-maï, par exemple (1). »

Mon interlocuteur ajouta que le gouvernement anglo-birman, qui tire de ses autres lignes locales un revenu important, compte que celle de Tavoy à la frontière siamoise sera également rému-nératrice, grâce au transit des dépêches de Chine et du Japon à destination d'Europe. Aussi a-t-il décidé, pour assurer un service

---

(1) La ligne de Tavoy a été officiellement ouverte le 22 mars et fermée au public le 24 avril. Dans ce laps de trente-trois jours, les interruptions ont été fréquentes et de longue durée, de sorte qu'elle n'a réellement fonctionné que l'équivalent de six jours. En annonçant sa fermeture pendant la présente saison, le gouvernement indien a donné comme raison l'état sanitaire peu satisfaisant du personnel dans les postes intermédiaires.

rapide, de pourvoir d'un personnel suffisamment nombreux la station de Ponsakey, choisie d'un commun accord avec les autorités siamoises pour l'installation de l'administration anglaise. La direction de ce poste lui était confiée ; il devait y retourner le lendemain, ayant complété ses approvisionnements. M. Edel, qui avait reçu l'ordre d'inspecter cette portion de la ligne, me proposa de partir avec lui et le télégraphiste anglais, son absence ne devant pas se prolonger au-delà de quatre jours. Trouvant l'occasion excellente pour compléter mon excursion, je résolus d'en profiter, et il fut convenu que, prenant les devants, j'irai les attendre à *Kháo tok nam*, première station télégraphique sur le *Khué noi,* affluent du Mékhlong.

En attendant l'heure du départ, je priai M. Edel de me faire visiter Kanboury. De sa résidence, nous nous engageâmes dans un chemin assez large, entrecoupé par-ci par-là de fondrières, puis côtoyant les ruines d'un fortin démoli, dit-on, par les Birmans, ensuite les murailles du *Ban-muang* (quartier du gouverneur), récemment réparées, nous arrivâmes à la ville proprement dite. Il y régnait une certaine animation, grâce toujours à la présence de l'élément chinois. Sur les deux côtés de la rue, on voyait de nombreuses maisons en bois, d'aspect assez propre, des boutiques bien achalandées, toutes habitées par des Chinois ou des Annamites, ces derniers bien reconnaissables à leur costume, leur coiffure et leur grand peigne d'écaille. Les gens du pays étaient relégués plus loin, près de la pagode où aboutissait le chemin que nous suivions. Ce quartier n'était pas moins animé que le premier : les uns emmagasinaient la récolte de riz qu'apportaient les chars, les autres débattaient les prix avec les spéculateurs. Les groupes formaient un mélange curieux de types divers, au milieu desquels il eut été difficile de distinguer le Siamois de race pure.

A en juger par le peu de développement de Kanboury dans le sens de la largeur, la population de cette ville ne peut guère dépasser 1,000 âmes, dont quelques centaines de Chinois et d'Annamites. J'avais déjà rencontré quelques-uns de ces derniers sur le fleuve, se livrant à la pêche ; mais leur quartier général est à Pak-prek village proche de Kanboury. On évalue leur nombre dans cette région à près de 1,200. Comme leurs compatriotes de *Sam-sen* (camps des Annamites au-dessus de Bangkok), ils descendent des familles qui furent emmenées en captivité à la suite des guerres de 1780 entre le Siam et l'Annam. Cantonnés au milieu d'une population trop fière peut-être pour s'allier à des vaincus, ils forment un clan séparé, une caste fermée, conservant les mœurs, la langue et jusqu'au costume de leur pays, et semblent n'avoir éprouvé aucune profonde modification à leur état social primitif, après un siècle de captivité. On ne saurait cependant s'étonner de ce fait, ni accuser les Siamois d'être dépourvus de la faculté d'assimilation. Cela tient à d'autres causes, dont la principale, sans doute, est la différence du génie des deux peuples, différence qui se manifeste jusque dans les choses les plus infimes de l'existence. Aussi, tandis que les Siamois paraissent éprouver de l'éloignement pour les Annamites, voyons-nous les Chinois, qui ont plus d'une idée commune avec ces derniers, se rapprocher plus volontiers de cette race et s'allier avec elle. Presque toutes les femmes que nous avons remarquées s'occupant aux détails du ménage dans les maisons chinoises, pendant notre promenade, étaient annamites.

Malgré leur qualité de vaincus, de prisonniers de guerre, les Annamites, en général, sont soumis à un traitement plus libéral que celui appliqué aux Cambodgiens et aux Pégouans. On ne leur impose pas, comme à ces derniers, des corvées vexatoires et arbitraires ; on leur donne de grandes libertés et, à certains égards, on les traite mieux que certaines catégories de corvéables siamois. En principe, cependant, ils doivent le service militaire. Ceux de Pak-prek sont enrôlés dans les régiments d'artillerie, par les soins du kalahome, de qui ils relèvent. Ceux de Sam-sen, placés sous l'autorité directe du second roi, fournissent des contingents pour le recrutement de sa garde personnelle. Jusque dans ces derniers temps, un petit nombre parmi les premiers étaient appelés à servir ; mais, depuis que le gouvernement siamois s'occupe d'organiser une armée de plusieurs milliers d'hommes, le camp de Pak-prek n'est pas plus épargné que les autres portions de la population. C'est le contraire qui a lieu à Sam-sen, car, à la suite des évènements de 1875, qui ont obligé le second roi à diminuer sa garde, les appels sont peu fréquents et de peu d'importance. Pendant tout le temps qu'ils restent au service, ils reçoivent un salaire. Quant au tribut auquel ils sont assujettis en qualité de *lèk suäi*, il est fixé uniformément à 8 ticaux par tête et est prélevé tant sur les hommes que sur les femmes.

L'organisation intérieure des camps diffère quelque peu de celle des autres *khà-xa-loi*, en raison de certains privilèges qui ont été conférés par les rois de Siam à la mission catholique, eu égard à la portion chrétienne de la population annamite. Les missionnaires ont, dans une certaine mesure, droit de juridiction sur leurs ouailles et règlent toutes les contestations qui s'élèvent entre elles ; même, dans certains cas, les difficultés entre les chrétiens et les autres sujets siamois sont portées devant l'évêque, qui essaie une conciliation entre les parties. Ceci ne s'applique qu'au camp de Sam-sen, où la grande majorité des Annamites est catholique, mais non à celui de Pak-prek, où les missionnaires n'ont obtenu aucun succès, attribuant cet échec à la profonde immoralité qui y règne. Là, il y a des chefs anna-mites dont le rôle se borne à ramasser le tribut et qui relèvent d'un phya représentant le kalahome. Quant aux autres actes de la vie civile, à Sam-sen comme à Pak-prek, les officiers minis-tériels, le naï amphơ et les tribunaux siamois sont seuls com-pétents (1).

La principale industrie de ces Annamites de Pak-prek est la pêche des poissons nombreux et variés que l'on trouve dans la partie supérieure du Mékhlong et de son affluent le Khué-nọï. C'est, en petit, la répétition de ce qui se fait dans le Grand-Lac du Cambodge. Salés et séchés, ces poissons sont vendus sur place aux négociants chinois, qui les transportent à Bangkok ;

---

(1) Je n'ai pas parlé des Annamites de Chantaboun, qui forment une colo-nie libre parfaitement distincte des deux autres. Elle a été fondée, il y a quarante ans environ, par un missionnaire français qui, pour fuir la persé-cution ordonnée par l'empereur Minh-mạng, était venu s'établir avec son troupeau à Chantaboun. Les Siamois leur accordèrent de très grands privi-lèges, et, depuis, cette colonie n'a cessé de croître en importance et en nombre.

de là, une grande partie est chargée sur des navires à destination de la Chine ou de Java. C'est un fait généralement reconnu
que les Annamites de cette région, aussi bien que ceux de
Sam-sen, n'ont pas de rivaux dans cette branche de commerce.
Aussi, y trouvent-ils à gagner très largement leur vie.

Quant aux Siamois habitant la province, ils se livrent plutôt
à l'élevage du bétail qu'à la culture des champs. C'est un curieux
spectacle que de voir, à la pointe du jour, de nombreux troupeaux,
principalement de buffles, traverser le fleuve et se répandre
dans la plaine et sur le versant des montagnes. Ils reviennent
le soir à l'étable ; mais il arrive fréquemment qu'il en manque
à l'appel. Alors ce sont des plaintes et des gémissements reten-
tissant toute la nuit, répercutés par les échos des montagnes.
Réveillé plusieurs fois en sursaut par ces cris réellement déchi-
rants et ne sachant au début à quoi les attribuer, je sortis
plusieurs fois de ma barque pour interroger les pauvres gens
qui se lamentaient de la sorte. Ils étaient inquiets sur le sort
d'un buffle et d'un bœuf disparus. « Des voleurs l'ont pris, » tel
était leur refrain invariable. Les voleurs de bestiaux sont, en effet,
la peste de toute cette région. Après les avoir enlevés à leurs
propriétaires, ils les conduisent dans la province voisine, dans
les environs de Ratboury, où ils les vendent à des marchands
venus de la capitale, indiens malabares pour la plupart, pour
une somme dérisoire. Ces derniers, véritables recéleurs, revendent
les bœufs de 20 à 25 ticaux par tête, réalisant ainsi un joli
bénéfice. Que de familles, qui n'avaient pour toute fortune qu'une
paire de buffles, se sont vues ruinées en une nuit par l'enlève-
ment de ces précieux auxiliaires, accompli par des malfaiteurs
dont l'audace s'accroît avec l'impunité ! Mais quelle justice ob-
tenir des juges provinciaux qui, par crainte, ont plus de tendance
à protéger les voleurs que les volés (1).

____

(1) Tout récemment, le gouvernement siamois a prescrit une excellente
mesure pour mettre un terme à ces déprédations. Tout vendeur de bestiaux
doit produire, devant l'amphœ du village où la transaction a lieu, un certi-
ficat délivré par l'autorité compétente, constatant qu'il est réellement le pro-
priétaire du bétail qu'il veut céder. Ce n'est qu'après cette formalité que la
vente devient régulière ; les détenteurs de bestiaux non munis de ce certi-
ficat sont poursuivis comme voleurs.

13 février. — Le lendemain, de très bonne heure, je m'embarquai pour Kháo tok nạm, et remontant le Khué-noï qui vient déboucher dans le Mékhlong juste en face de Kanboury, j'arrivai au lieu du rendez-vous après deux heures de rame. Mes hommes firent aborder le bateau à un grand débarcadère couvert que le régent avait fait construire et qui sert aujourd'hui d'asile à trois ou quatre familles de pêcheurs, car leurs bateaux, unique bien qu'elles possèdent au monde, sont trop étroits pour contenir leur nombreuse famille. La berge, haute de plus de 10 mètres, était reliée à cet appontement par une passerelle commode et solide. En atteignant le faîte, je fus tout surpris de voir au milieu de cette sauvage nature un coin véritablement charmant qui rappelait quelque peu un paysage d'Europe : des arbres gigantesques formant des allées bien droites, des pelouses verdoyantes où paissaient tranquillement de superbes vaches, un jardin fruitier paraissant bien entretenu et, dans le fond, sur une petite élévation de terrain, une habitation en bois et couverte en tuiles ; plus loin, sur le second plan, la ferme, les étables et autres constructions rustiques. Pour encadrer ce tableau, des montagnes de tous côtés. Ce lieu réellement enchanteur avait été choisi par le régent qui, parfois, trouvait Ratboury trop encombré de courtisans. Il aimait à venir avec un petit nombre d'intimes se reposer dans cette oasis des fatigues des affaires publiques. Depuis sa mort, cette propriété semble abandonnée, et, bien que l'administration des télégraphes ait établi, pour la surveillance de la ligne, une station dans la maison même, celle-ci n'est pas du tout entretenue et ne sera bientôt plus qu'une ruine.

Je passai toute la journée à chasser dans les environs. A la tombée de la nuit, arrivèrent M. Edel et son collègue anglais, montés sur des éléphants spécialement affectés au service de la ligne télégraphique. Ils passèrent la nuit à la station.

14 février. — Le lendemain 14, le départ eut lieu de grand matin. La caravane, composée de quatre éléphants, s'engagea dans le sentier côtoyant les poteaux télégraphiques. La distance entre Kanboury et Ponsakay, par cette voie, est de 45 kilomètres environ. Sur tout le parcours, à des distances de 5 à 6 kilomètres, le gouvernement siamois a établi des stations, la plupart en pleine forêt, mais, autant que possible, à proximité d'une source. Ce sont de légères constructions en bambous qui servent à la fois d'abri aux surveillants de la ligne et de relais pour les éléphants et les chevaux. Dans chacune d'elles réside continuellement une escouade de trois ou quatre gardiens, qui sont pris dans la classe des *phrài luáng* et des *lek húa mưang*. Ils remplissent de cette façon les trois mois de service qu'ils doivent à l'État, et, à l'expiration de ce temps, ils sont remplacés par d'autres.

Après avoir parcouru une dizaine de kilomètres à travers une contrée couverte de jungles et de taillis de bambous, nous fîmes halte à la troisième station pour déjeuner et laisser reposer bêtes et gens. Dès que la chaleur fut devenue moins accablante, nous nous mîmes en route. Peu après, nous entrâmes dans une grande forêt de hautes futaies ; l'essence dominante était le *mại dëng* (bois rouge), dont les indigènes se servent pour les colonnes et poutres des maisons. Ce bois est supérieur au teck pour la durée et la dureté, mais il a le grand désavantage de ne pas flotter ; ce défaut fait qu'on ne peut guère en tirer parti pour l'exportation, à cause des grandes difficultés de transport ; pour le faire descendre à Bangkok, il faut, après l'avoir coupé en tronçons de peu de longueur, le mettre sur des radeaux de bambous. Aussi, jusqu'à présent, la spéculation ne s'en est-elle pas préoccupée. Dans la soirée, nous arrivâmes à la sixième station établie près d'un hameau nommé *Ban kamluya*, composé d'une dizaine de feux. C'est le seul sur tout le parcours de cette portion de la ligne. Nous y passâmes la nuit.

15 février. — Au réveil, le lendemain, je fis part à mes compagnons de route de ma résolution de ne pas pousser plus loin mon voyage, de peur d'outrepasser le terme du congé qui m'était donné. Je me séparai d'eux et repris le chemin de *Kháo tok nạm*, dont une distance de 25 kilomètres me séparait. Ce trajet fut parcouru en moins de cinq heures ; le cornac, excité par l'appât d'une bonne récompense, avait mené bon train son éléphant. Dans cette portion de la ligne télégraphique, comme sans doute dans celle au-delà de Ban-kamluya, l'ingénieur s'est servi des arbres comme poteaux télégraphiques, sans toutefois avoir pris la précaution de couper toutes les branches supérieures ni d'entailler l'écorce à la place où devait être fixé l'isolateur. Aujourd'hui, grâce à l'activité du phya-sri-savat, ces défauts sont en partie réparés, car j'ai vu en passant les hommes des stations procéder à l'entaillement des arbres et poser plus solidement les isolateurs. Seulement, restent les branches qu'il est maintenant difficile de couper sans rompre en même temps le fil télégraphique. C'est là un grand inconvénient. Le seul moyen d'y remédier serait peut-être l'adoption d'un autre tracé qui corrigerait également tout ce que le premier a d'extravagant. Malgré ces critiques, la somme de travail dépensée pour la construction de cette voie aérienne, entreprise dans la mauvaise saison, ne laisse pas d'être considérable.

Après un jour de repos sous les ombrages de *Kháo tok nặm,* je quittai ce lieu avec regret. Le retour avec un courant formidable se fit très rapidement et sans incidents. En deux jours nous atteignîmes Ratboury. J'y fis arrêter quelques instants pour saluer le *phra satcha* qui, reconnaissant ma barque de loin, était venu m'attendre sur le quai. Quarante-huit heures après, dans la soirée du 19, nous arrivâmes à Bangkok le dix-septième jour du voyage.

HARDOUIN,

Chancelier-interprète *p. i.*
du Consulat de France à Bangkok.

www.ingramcontent.com/pod-product-compliance
Lightning Source LLC
Chambersburg PA
CBHW071518030726
47593CB00003B/1312